Este libro pertenece a

Brami, Élisabeth

¡Me duelen las Matemáticas! / Élisabeth Brami ; ilustrador Rémi Courgeon ; traductor Jorge Eduardo Salgar Restrepo. --Editor Alejandro Villate Uribe. -- Bogotá : Panamericana Editorial, 2015.

52 páginas : ilustraciones ; 19 cm. -- (Álbumes Panamericana)

Título original : *J'ai mal aux maths!*

ISBN 978-958-30-4986-6

1. Novela francesa 2. Matemáticas - Novela 3. Estudiantes - Novela I. Courgeon, Rémi, ilustrador II. Salgar Restrepo, Jorge Eduardo, traductor III. Villate Uribe, Alejandro, editor IV. Tít. V. Serie.

843.91 cd 21 ed.

A1497161

CEP-Banco de la República-Biblioteca Luis Ángel Arango

¡Me duelen las Matemáticas!

Élisabeth Brami

Ilustrado por Rémi Courgeon

Primera reimpresión, junio de 2016
Primera edición en Panamericana Editorial Ltda., septiembre de 2015
Título original: *J'ai mal aux maths!*

Calle 12 No. 34-30, Tel.: (57 1) 3649000
Fax: (57 1) 2373805
www.panamericanaeditorial.com
Tienda virtual: www.panamericana.com.co
Bogotá D. C., Colombia

Editor
Panamericana Editorial Ltda.
Edición
Alejandro Villate Uribe
Ilustraciones
Rémi Courgeon
Traducción del francés
Jorge Eduardo Salgar Restrepo
Diagramación
Martha Cadena / Alejandra Sánchez

ISBN 978-958-30-4986-6

Impreso por Panamericana Formas e Impresos S. A.
Calle 65 No. 95-28, Tels.: (57 1) 4302110 / 4300355. Fax: (57 1) 2763008
Bogotá D. C., Colombia
Quien solo actúa como impresor.
Impreso en Colombia - *Printed in Colombia*

¡Me duelen las Matemáticas!

Élisabeth Brami

Ilustrado por Rémi Courgeon

Traducción de Jorge Eduardo Salgar Restrepo

PANAMERICANA
EDITORIAL
Colombia • México • Perú

Para Maïa, siempre.
Para todos los niños a quienes les duelen las Matemáticas.
Para los padres y profesores que no entienden por qué, pero a quienes les gustaría comprender.

E. B.

Para Noémie, cuyo talento para las Matemáticas es inversamente proporcional al mío. ¡Esto significa que ella sí es buena!

R. C.

"Nacemos niña o niño, luego nos volvemos personas".

Bianka Zazzo

"A menudo me viene a la mente que los profesores no entienden que no entendemos".

Gaston Bachelard

Contenido

7963
− 592
=

El miedo y las notas malas

No sé por qué siempre les tuve miedo a las Matemáticas. Desde que veía un número, una operación o el enunciado de un problema —ya fuera en mi cuaderno o en el tablero de la clase—, una neblina de ideas llenaba mi cabeza y se ponía frente a mis ojos. No entendía nada. O, quizá, tenía tanto miedo que ni siquiera intentaba entender.

Eso me hacía sentir como una tonta. Mientras que los demás levantaban la mano como si quisieran alcanzar el techo, retorciéndose y gritando "¡Yo, profesora!" para ser interrogados, yo solo deseaba una cosa: desaparecer. Soñaba con que me llevaran al hospital o me tragara la tierra. Me imaginaba desapareciendo en un largo túnel que me sacaba del colegio, como en *Alicia en el país de las maravillas*. No les tengo miedo a los túneles. Conoz-

co el que atravesamos cuando vamos donde la abuela, incluso los que hay en el metro. Cuando nos quedamos atascadas entre dos estaciones, mi mamá comienza a sentirse enferma: se ahoga y pide que abran las ventanas. Siempre hay un viajero que protesta, entonces mamá comienza a discutir con él. Mamá es una alegona y parece que heredé eso. A mi papá no le gusta eso, pero a mamá sí. No veo el día en que se pongan de acuerdo…

Regresemos a mi miedo a las Matemáticas. Creía que desaparecería en segundo grado, que al crecer lo comprendería todo. Pensé que tendría unas muy buenas notas como Santiago, mi primo, quien tenía mi edad y era el genio de la familia.

¡Solo era un sueño! La pesadilla iba de mal en peor: preescolar, primero, segundo…

Todo el mundo decía que era una boba, una fracasada, una buena para nada, una incurable (parece que eso quería decir "sin remedio"). Eso era lo que me decía mi papá cuando se enojaba porque no comprendía lo suficientemente rápido. Siempre se angustiaba los domingos en la noche. "Ven dos minutos, Tamara. Quiero revisar tu cuaderno". De hecho, los dos minutos se convertían en un terrible cuarto de hora que terminaba con gritos (de él) y lágrimas (mías).

Todos los sábados pensaba en su "ven, Tamara", y eso me arruinaba el fin de semana. Además, siempre había un cero, una mala nota, que no le comentaba y él descubría. No sé cómo hacen mis padres para adivinar cuando estamos mintiendo mi hermano y yo. Alejandro tiene once años y debería tener ya una estrategia. Pues bien, no es así. Siempre se sonroja cuando mamá le pregunta, mirándolo a los ojos: "¿Me estás diciendo la verdad?". Él se quiebra y confiesa todo.

Alejo es como el personaje de ese libro que la abuela le regaló cuando pasó a sexto grado, Marcellin Caillou, el niño que siempre se sonroja. A mí no me habría gustado ese regalo. Pero él haría lo que fuera por seguir siendo el consentido de la abuela…

Alejo y la guerra de los sexos

Sin embargo, toda la vida no debí ser tan mala en Matemáticas. Cuando estaba en la guardería, tenía un ábaco multicolor con grandes bolas de madera. Me encantaba pasar horas organizándolas. También me gustaba presionar todos los botones del ascensor, desde el cero hasta el nueve (vivíamos en el último piso). Mamá, furiosa, alegaba cada vez que se detenía en cada piso. Me hacía prometerle que no volvería a hacerlo.

Incluso un día la escuché presumir ante la vecina de que yo era bastante avanzada para mi edad, pues sabía contar hasta nueve, mientras que otros niños apenas sabían hacerlo hasta tres.

Por lo tanto, cuando era pequeña, no estaba enojada con los números: me encantaba contar, calcular, recontar y recalcular mis peluches, mis bombones, mi colección de libros, las arvejas en el tenedor y los rayos de sol que entraban por la persiana cuando no podía hacer la siesta.

Ahora cuento, sí, pero el tiempo para salir corriendo. Mis papás se vuelven locos con mis notas de Matemáticas. Y si me va bien en las otras materias, seguramente dirán que las Matemáticas son lo más importante. Sobre todo para papá. Mi mamá intenta calmarlo, y eso lo enfurece más. "¡Tamara también es tu hija!", le dice a la cara, como si él no tuviera nada que ver con mi nacimiento (menos mal me parezco a él, si no tendría mis dudas). Mamá, furiosa, le responde que soy una "literata" como ella, y que eso está bien, que todo el mundo no puede ser una bestia y

estudiar Matemáticas en el politécnico, como él y su familia. Y agrega, al hablar de Alejandro (el consentido de mi papá): "¿Por qué piensas que las mujeres somos de nacimiento malas para las Matemáticas, o que los hombres llevan una calculadora pegada al cerebro? No presiones tanto a Alejo. Tiene derecho a no ser bueno en Ciencias y Tamara puede llegar a descubrir que es una excelente matemática. ¡Además, no todo son ciencias en la vida! Alejo no está obligado a convertirse en un matemático iletrado. ¡Leer libros es indispensable para la salud de todo el mundo!".

Al comienzo, no entendía sus peleas. Creía que el politécnico era un hospital, pues lo confundía con el "policlínico", donde me llevaron cuando un bruto del colegio me machucó un dedo con una puerta. Pero es una universidad a la que vas cuando terminas el bachillerato. Y según lo que entendí, Alejo debe ir, ¡si no será un infierno para él!

Señorita
Laverde

¿No tengo remedio?

Hoy, la señorita Laverde escribió unas operaciones en el tablero: “Imaginen que es el dinero que tienen en los bolsillos: no pueden gastar más de lo que poseen”. ¡En eso no tengo problemas! Con el triste billete que recibo cada semana, solo me alcanza para comprar unas gomitas, unos dulces de anís y un dulce de fresas en la panadería. Y luego, ¡ya no queda nada!

La señorita Laverde no es joven ni bella. Prefiere que le digan "señorita", incluso si ya está un poquito vieja. Quizá está orgullosa de no ser casada. Tiene todo el derecho. Sobre todo cuando veo cómo mis padres se gritan y después hacen las paces. Parece muy complicado el matrimonio…

Cuando la señorita Laverde me llama a su escritorio, me es imposible apartar mis ojos de su nariz: tiene un enorme lunar peludo que no se puede quitar. ¡Guácala! Pobrecita, no es su culpa. Incluso creo que debe incomodarle cuando le da besos a su novio.

Justamente del amor me gustaría hablar, a veces, con Alejo. Sé que sabe mucho más que yo al respecto. Pero desde que pasó a secundaria se cree un adolescente. En su cuarto pegó varios afiches de películas y estrellas de cine. Quiere jugar a ser mi jefe. Pero no puede. Olvidó que cuando le tenía miedo a la oscuridad, era yo, su hermanita, quien lo acompañaba en la noche a hacer pipí. ¡Así que no puede creerse el gran macho conmigo!

Como prefiero ser ignorada por mi hermano que regañada por mi papá, cuando estoy bloqueada con un problema, tomo valor entre mis dos manos (aunque preferiría tener cuatro) y voy a golpear a su puerta.

A veces me ayuda (sale con explicaciones muy extrañas) y otras me saca corriendo. Según él, las Matemáticas se pasan por la sangre de padre a hijo, y las niñas piensan en las letras; mientras los niños, en números. Pero si soy mala para ellos, no es mi culpa, no sirve de nada obligarme a estudiar Matemáticas. De hecho, las niñas deberían ser exoneradas de las Matemáticas en el colegio. Además, ¿cómo es posible que la hermana de mi papá también haya estudiado en el politécnico? ¿Acaso mi tía no es una mujer?

No entiendo nada. Estoy condenada a recibir ceros, a no aprender. ¿Para qué insisto? ¡No tengo remedio! Fracasada, tonta. Es lo mismo. ¡Déjenme en paz!

Yo
Alejo

Matemáticas

¿Examen? ¡Qué dolor!

Pierdo tiempo buscando soluciones mágicas. Lo mejor sería hacer mis ejercicios y repasar las tablas de multiplicación. Con respecto a los problemas... ¡en verdad tengo problemas! Siempre me dan más espectadores que sillas en el cine, nunca es suficiente el dinero en la caja del vendedor y hay demasiada agua en la piscina. Además, manejo el arte de sumar cosas que no tienen nada que ver.

Eso hace que la señorita Laverde grite bastante: "¡No se mezclan peras con naranjas!".

Creí haber comprendido. En el último examen, debía calcular la suma de las compras en un carrito de supermercado. Escribí: "No hay necesidad de sumar porque los objetos no son los mismos". Mi hoja permaneció en blanco. La señorita Laverde me trató de insolente y perezosa delante de toda la clase, tuve un cero y una nota en el cuaderno. ¡No es justo! ¡No hay necesidad de hacer todo un drama!

Los amigos de mis papás o los familiares solo saben preguntar: "¿Cómo vas en el colegio?". Es lo único que les importa a los

¡Me duelen
las Matemáticas!

adultos cuando ven a un niño: saber si tiene buenas notas, jamás si están bien. Me gustaría gritarles: “¡Me duelen las Matemáticas!”, pero pensarían que estoy loca. Así que me quedo callada.

Necesito lograrlo, debo encontrar una forma de "desfracasar" mi vida. Lo sé, esa palabra no existe, acabo de inventarla, pues soy una "literata" y tengo el derecho. Además, se asemeja a decepcionar, y estoy cansada de decepcionar y ser la tonta de la familia.

A veces, por las mañanas, me gustaría enfermarme de verdad: vomitar, tener cuarenta y tres grados de fiebre, sarpullido en el cuerpo y las orejas tapadas, sentir palpitaciones… Pero mis deseos jamás se cumplen.

Chistes malos y Santiago

Lo recuerdo. El señor Vanegas, el profesor de preescolar, llegó una mañana con cara de zorro y una "pregunta con cascarita":

—¿Es más corta una línea recta o una curva?

—La curva, señor —respondí, pues en esos días todavía estaba muy segura de mí misma.

El profesor frunció sus cejas selváticas y me fusiló con sus ojos de revólver:

—Tamara, claramente, la lógica no es tu fuerte. Como eres una niña, no comprendes. Carlos, ¿puedes venir al tablero?

No escuché lo que siguió, ni la respuesta de Carlos, ese tonto consentido.

No entendía nada de esa tal "lógica" y no soportaba que me compararan con mi hermano, y mucho menos con cualquier niño. Al instante, todos los idiotas de la clase se dieron vuelta y me miraban como si jamás me hubieran visto:

—¿Quieren mi foto? —les pregunté, reteniendo las lágrimas.

En el recreo, Marion me regaló un chicle de fresa para consolarme. Fue amable, pero eso no borraría mis tonterías. Estaba segura de que la línea curva era la más corta: cuando estamos en el bosque, el atajo que nos lleva a la carretera siempre está torcido.

Hasta preescolar, mi relación con mi primo Santiago era de ensueño. Nos entendíamos como si fuéramos hermano y hermana. Nos adorábamos. Quizá porque teníamos la misma edad, y precisamente porque no éramos hermanos. Desde que nos encontrábamos, no nos separábamos. Nos gustaban los mismos juegos, inventábamos las mismas travesuras, teníamos las mismas ideas: ¡estábamos de acuerdo en todo!

En las vacaciones de verano, teníamos una guarida secreta en la casa de la tía Laura. Nadie podía encontrarnos. Hacíamos una cabaña en el cuarto de las escobas, bajo las escaleras. Estábamos cómodos: teníamos qué comer..., incluso sentíamos un poco de temor por la puerta del ático, que siempre sonaba. La tía Laura nos llamaba "los castores": vivíamos en nuestra madriguera, comiendo a cada rato e inundando el baño.

Yo lo adoraba y él a mí. Creíamos que así sería toda la vida, pero terminó por culpa de nuestros padres. Desde hace dos años Santiago y yo ya no podemos vernos ni en pintura.

20/20
16/20
18/20

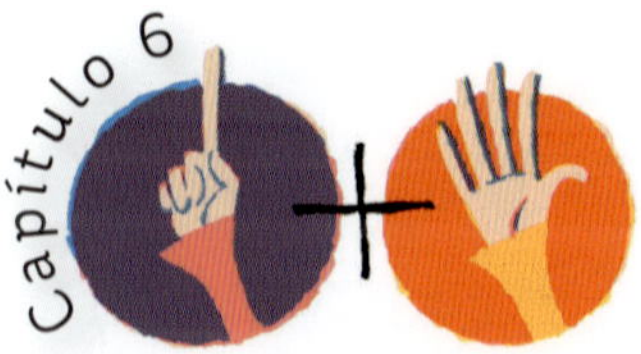

Dos niños, un desastre

Esto sucedió en preescolar. No sabía que ir al colegio era como los Juegos Olímpicos para los papás.

Apostaron con nosotros como si fuéramos caballos de carreras: "Cuidado, Santiago, camiseta negra, acorrala contra los postes a Tamara, de camiseta rosa bombón. Es la última vuelta antes de la línea de llegada". ¡Tonterías! Nuestros padres solo hablaban de nuestros progresos, de las notas. Nos comparaban, presumían, se peleaban.

Al comienzo, con Santiago los ignorábamos, jugábamos sin hablar del colegio.

Pero la tía Silvia había hecho trampa. Como le habían negado a su adorado hijo único la entrada directa al colegio, decidió darle clases en la casa. Le había enseñado muy bien a leer y a escribir a su amado Santiago antes de comenzar las clases. De esa forma, en Navidad, logró hacerlo pasar de preescolar a primero de primaria. Y todo porque el pobrecito se aburría.

De un solo tajo, logró separarlo de sus amigos de la guardería, pues pensaba que aún eran unos bebés maleducados. Ella los culpaba: en el cumpleaños de Santiago habían roto la cama al usarla como trampolín.

Entonces, mientras yo me concentraba en aprender a escribir y utilizaba los dedos para contar, todos aplaudían al señor superdotado. Y mi primo cayó en la trampa de los adultos. Comenzó a presumir... levitaba. De un día al otro, ¡me convertí en un bebé para él! En las vacaciones, no se le despegó a Alejandro: quince días jugando PlayStation y Xbox. ¡No se les podía molestar! Estaba furiosa. Una vez escuché a mamá decirle a papá: “Tu hermana debería cambiarle el nombre a

Santiago por Uriel". Creo que era algo cómico, un juego de palabras, porque algunos llaman "la U" al politécnico; era algo como: "¡Ve a la U, Uriel". A papá no le causó gracia.

Desde ese momento comprendí que yo, Tamara-camiseta-rosa-bombón, galopaba el caballo equivocado. Los papás aman sentirse orgullosos. Detestan tener un hijo mediocre. Comparado con el genio de la tía Silvia, yo era una fracasada. Era como si no debiera juntarse conmigo para que no se le transmitiera la enfermedad de las Matemáticas... Quizá era contagiosa.

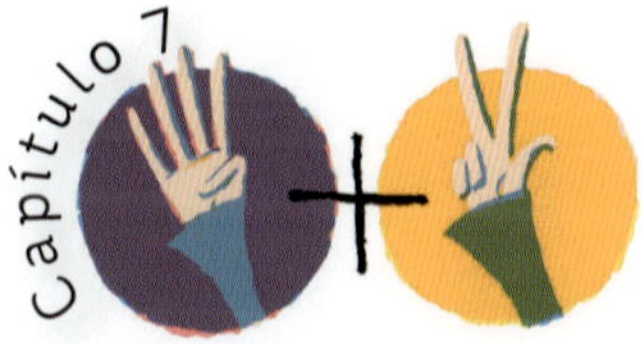

¿Copia? Castigada... pero ¡salvada!

Y así fue como terminó. Se acabaron los secretos, los escondites en el cuarto de escobas, las carcajadas por cualquier chiste, las meriendas compartidas y hasta las cosquillas en el baño. Cuando nos reencontrábamos, era un infierno:

—¡Te voy a liquidar! Vas a ver. ¡Pum, pum!

Solo había una cosa que contaba para él: ganar. Se encarnizaba a conseguir, con maldad, la mayor cantidad de puntos, a comerse más peones, a matar más monstruos, a romper los récords y a tratarme de tarada. ¿Quién se creía?

Una tarde mandé a volar todos sus caballos de una patada. Evité que siguiera haciendo trampa. ¡Y, así, no más zis, zas! Fue el fin de los llamados "castores". Al final de unas vacaciones asquerosas, estaba cansada de todo: de él, de mi hermano, de mis padres, de la tía Silvia, de la abuelita y, claro, también ¡del colegio!

* * *

Hace media hora que estoy castigada en el salón. Escucho a los niños jugar en el patio. Estoy castigada porque en el examen de Matemáticas la señorita Laverde me sorprendió copiándome de Raúl. ¡Por una vez había respondido todo y acabado antes que los demás!

Pero me había parecido muy fácil. No era normal, no era posible. Creía que todas las respuestas eran "falso". Así que, cuando vi el resultado de Raúl, mi vecino de pupitre, y me di cuenta de que las respuestas estaban diferentes, agarré mi borrador. ¡Corregí todo! ¡Esta vez no quería un cero!

Pero... ¿cómo podría Raúl tener todo mal? ¿Era posible que yo, que Tamara, acertara todas las respuestas? Obviamente nadie me creería si contara que tenía los resultados correctos, pero que los borré. ¿Me creerían que los borré por temor, porque estaba cansada de que me trataran como una tonta? ¿Porque estoy triste, pues mi vida está invivible por culpa de las Matemáticas en el colegio y en la casa?

Ahora estoy aquí, castigada. Además, traté de mentirosa y tramposa a la profesora por haberles contado a mis padres. Todo el mundo se me vino encima.

Bueno, vamos. Debo concentrarme. Tengo muchos ejercicios y voy a resolverlos. Voy a demostrarles que soy capaz, pues no me creen. Es necesario que al menos logre sorprender a Alejo, incluso si soy la niñita que nació sin calculadora integrada. Y cuando llegue a casa, voy a escribir estas páginas en el computador.

Voy a encontrar un muy buen título. Algo como… "¿Copia? ¡Castigada!", o quizá uno mucho mejor.

Que sea buena o mala en Matemáticas no importa. ¡Nadie podrá impedir que me convierta en escritora cuando sea grande!

Fin